食肉植物的秘密

The secret of carnivorous plants

郗 望　李函润　王申

U0310127

YNK 云南科技出版社
·昆明·

图书在版编目（CIP）数据

食肉植物的秘密 / 郗望, 李函润, 王申编著 . -- 昆明 : 云南科技出版社 , 2024.6

ISBN 978-7-5587-5572-9

Ⅰ . ①食… Ⅱ . ①郗… ②李… ③王… Ⅲ . ①植物—青少年读物 Ⅳ . ① Q94-49

中国国家版本馆 CIP 数据核字 (2024) 第 109958 号

食肉植物的秘密
SHIROU ZHIWU DE MIMI

郗　望　李函润　王　申　编著

出 版 人：温　翔
策　　划：李　非　吴　涯
责任编辑：龙　飞　张翟贤
整体设计：长策文化
责任校对：孙玮贤
责任印制：蒋丽芬

书　　号：ISBN 978-7-5587-5572-9
印　　刷：昆明木行印刷有限公司
开　　本：889mm×1194mm　1/12
印　　张：12.5
字　　数：100千字
版　　次：2024年6月第1版
印　　次：2024年6月第1次印刷
定　　价：68.00元

出版发行：云南科技出版社
地　　址：昆明市环城西路609号
电　　话：0871-64190978

编委会名单

— 编著 —

郗　望　李函润　王　申

— 副主编 —

王傲立　杨儒杰

— 参编人员 —

朱少威	林凌健	蒋康正	王晓刚	丁勋业	冯　石
陶　恋	单祖朋	王庚申	吕赫阳	牛　洋	刘国明
卢科威	夏熙城	杨　清	史鸣明	汤泽强	刘瑞琦
孙　树	李涟漪	卓敏飞	陈嘉德	陈择凡	赵　毅
郭　伟	廖逸聪	谭　坤	王洪辉	张全星	陈　飞
林叶政文	杨家豪				

前言

　　之前的《植物界的食荤者》一书，其内容偏向于学术，专业性较强，是一本非常适用于爱好者和研究者的工具书。但由于书中涉及地理、物理、生物、化学等专业词汇以及量化概念，需要同时用到多种学科的基础认知才能很好地理解，导致其不适合作为青少年的科普学习读物，所以再编写一本适合青少年的食肉植物科普读物的需求就此产生，于是就有了这本《食肉植物的秘密》。

　　《食肉植物的秘密》一书以青少年的认知为基础，介绍了诸多食肉植物品种中的经典代表，并且配上精美的照片、小插画和写真绘图

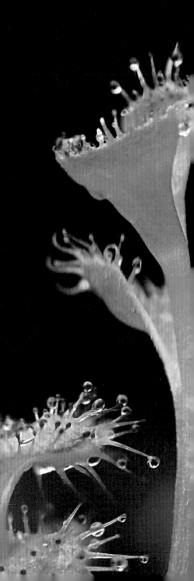

来明确植物的特点。让孩子们也可以领略到在庞大的植物王国中，有这么一类植物以他们特殊的生存方式令人惊叹着，他们可以捕捉小昆虫乃至小型哺乳动物，并且将其分解利用来满足自身的营养需求，它们就是大名鼎鼎却又神神秘秘的食肉植物。

《食肉植物的秘密》一书由《植物界的食荤者》的原班团队进行编写，希望可以为孩子们揭开这些神秘植物的面纱，一起惊叹大自然的造物。同时拓展孩子们对植物王国的又一个全新认知，并且能够参与到对植物的保护和种植上，一起享受自然，分享快乐。

李函润

目录

食肉植物的秘密

The secret of carnivorous plants

01 大类概述

　　在庞大的植物王国之中，有一类特殊的植物，它们能够捕捉猎物，并且消化他们来获得营养，它们就是大名鼎鼎的食肉植物。

　　大家通常所知的食肉植物有猪笼草、捕蝇草和茅膏菜，但是实际上食肉植物的种类远不止于此，还有瓶子草、眼镜蛇瓶子草、太阳瓶子草、土瓶草、貉藻、捕虫堇、狸藻、螺旋狸藻、腺毛草、捕虫树、露松和食虫凤梨等。全世界的食肉植物品种达 847 种之多，以后也许还会有更多被植物学家们发现。

　　食肉植物的定义必须符合捕捉、消化、利用三个要点，多数食肉植物如茅膏菜、捕蝇草等自身可以合成消化酶来分解猎物，但也有些食肉植物他们自身不能合成消化酶，而借助共生生物对猎物进行分解利用，如捕虫树和刺蝽、部分太阳瓶子草和细菌等，因此它们也是食肉植物的成员。而有些植物尽管它们具有能够捕捉并杀死昆虫的能力，但是并不能分解昆虫，也没有从昆虫体内获得营养，这类植物则只属于捕虫植物，它们捕虫的目的并不是获得养分，而是一种自我保护的机制，如毛西番莲等。

　　食肉植物的猎物在多数情况下为昆虫，所以也被称作食虫植物，但是某些猪笼草甚至可以捕食小型哺乳动物或爬行动物，所以食肉植物这个统称比食虫植物更加确切。另外一些食肉植物如苹果猪笼草、劳氏猪笼草等并不是靠捕获动物获得营养，而是收集枯枝落叶与粪便，尽管它们的食肉性已经有一定程度的退化，但它们的特征器官结构和普通猪笼草并没有本质的区别，因此仍然把它们归入食肉植物。

　　那么下面就让我们进入食肉植物的世界，来看看它们高超且多样的捕虫能力吧。

02
猪笼草

猪笼草们把自己的叶片卷起来变成了一个用来装消化液的小水袋，因为形状很像用来装猪的笼子，因此得名。

　　猪笼草的笼子色彩多样，有着各种花纹，还分泌香甜的蜜汁，小昆虫们难以抵御它的诱惑，殊不知自己来到了死亡陷阱。

　　全世界约有170种猪笼草，它们的形状颜色各有千秋，以各自的特点捕捉猎物，在贫瘠的环境里自力更生。

　　下面给大家介绍一些猪笼草中的代表性物种和奇葩。

2.1　奇异猪笼草

　　奇异猪笼草是中国仅有的一种猪笼草，它的学名是
Nepenthes mirabilis，可以在广东的珠海和湛江，以及海南
岛找到，经常生长在有水流的岩壁上或湿地里。虽然它的相
貌在猪笼草家族里不是很突出，但是植物学家在它身上发
现了猪笼草"引路蜜滴"的秘密，它广泛分布于东南亚。

【注：引路蜜滴，猪笼草的蜜汁不仅仅分泌在盖子的下侧，在猪笼草整
个植株身上，如叶片、茎、卷须上都分泌有小小的蜜滴，排列出一条条
从地面到笼口的死亡之路，并且越接近笼口，蜜汁分泌的越多，一步步
把猎物从地面引诱到陷阱里，小蚂蚁们也成为了猪笼草的主食之一。】

2.2 截叶猪笼草

截叶猪笼草，又称宝特猪笼草，学名是 *Nepenthes truncata*，它的捕虫笼也可以达到 30 厘米，是最大的猪笼草之一，产于菲律宾。

2.3　罗伯坎特利猪笼草

　　罗伯坎特利猪笼草，又叫黑宝特猪笼草，学名是 *Nepenthes robcantleyi*，它产在菲律宾，它的花序可以高达 2.5 米，是猪笼草家族里花序最长的。

2.4　风铃猪笼草

　　风铃猪笼草是世界上最小的猪笼草之一，学名是 *Nepenthes campanulata*，捕虫笼就像一个个绿色的小风铃一样可爱，不同于其他的猪笼草，它生长在石灰岩上，并不害怕高钙的土质，产于婆罗洲。

2.5 诺斯猪笼草

　　诺斯猪笼草也是少数生长于石灰岩上的猪笼草，学名是 *Nepenthes northiana*，它美丽的捕虫笼也是它成为众多园艺杂交种亲本的原因，产于婆罗洲。

2.6　劳氏猪笼草

　　劳氏猪笼草可能是最奇特的猪笼草之一，
学名是 *Nepenthes lowii*，因为它并不是通过
捕捉猎物来获取养分，而是吸引山地树鼩
来它的捕虫笼口拉粑粑，从而获得便便中
的养分，捕虫笼也进化成了一个坐便
器的形状，它的食虫性可以理
解为已经退化了，原产
于婆罗洲。

2.7 维奇猪笼草

　　维奇猪笼草是很受园艺栽培者喜爱的品种，学名是 *Nepenthes veitchii*，原生地拥有丰富多样的表现，具备较高的观赏价值，原产于婆罗洲。

2.8　马来王猪笼草

马来王猪笼草，又名王侯猪笼草，学名是 *Nepenthes rajah*，也是最大的猪笼草之一，产于婆罗洲。

2.9　爱德华猪笼草

　　爱德华猪笼草因其笼口夸张的唇齿备受世人关注，也可以称得上是最奇特的猪笼草之一，学名是 *Nepenthes edwardsiana*，产于婆罗洲。（注：唇齿，指的是猪笼草笼口处的唇肋，不同品种的唇肋大小密度不同，大部分的品种唇肋不突出，所以看上去是光滑的唇面，而少数品种的大小密度较为夸张，所以形成了牙齿一样的突出视觉。）

2.10　长毛猪笼草

　　长毛猪笼草和上述的爱德华猪笼草较为相似，夸张的造型十分惹眼，也是最奇特的猪笼草之一，学名是 *Nepenthes villosa*，产于婆罗洲。

2.11　大叶猪笼草

大叶猪笼草和上述的长毛猪笼草、爱德华猪笼草十分相似，并且彼此也存在亲缘关系，如猛兽般的利齿特征引人瞩目，绝对是最奇特的猪笼草之一，并且和劳氏猪笼草一样，同样是食虫性退化，通过小动物的排泄物来获取养分，学名是 *Nepenthes macrophylla*，产于婆罗洲。

长毛猪笼草

爱德华猪笼草

大叶猪笼草

图中由上至下分别是长毛猪笼草、爱德华猪笼草、大叶猪笼草，它们在基因上都很接近，所以也被爱好者们称为"长毛三兄弟"。

2.12　马桶猪笼草

马桶猪笼草顾名思义，它的捕虫笼是一个小小的马桶造型，虽然和劳氏猪笼草的坐便器形状雷同，但是它却不是吃便便的，其笼内的消化液十分的黏稠，可以粘捕飞虫并且消化利用，学名是 *Nepenthes jamban*，产于苏门答腊。

2.13　无刺猪笼草

无刺猪笼草和上述的马桶猪笼草同样具备黏稠的消化液，捕虫笼像一个个绿色的小漏斗，学名是 *Nepenthes inermi*s，也产于苏门答腊。

　　钩唇猪笼草也是最奇特的猪笼草之一，它的学名是 *Nepenthes hamata*，产于苏拉威西。它的唇齿像爱德华猪笼草、长毛猪笼草和大叶猪笼草一样，看上去极其的锋利尖锐、富有张力，所以这四种猪笼草也被国内的爱好者统称为利齿系猪笼草。它们进化出这样奇特的结构，是为了当大雨灌满捕虫笼时，发达的唇肋可以像滤网一样，过滤多余的水，而勾状的唇齿可以勾住猎物，防止猎物和水一起流出捕虫笼外，可见生物多样性的精彩。

2.15　二齿猪笼草

　　二齿猪笼草也是最奇特的猪笼草之一，学名是 *Nepenthes bicalcarata*，在笼口与盖子的连接处，长有两根獠牙，蜜滴会顺着獠牙滴落，看上去像在贪婪地留着口水。并且它的奇特不仅是獠牙的造型，它的笼蔓有一部分是空心的，可以让弓背蚁在里面筑巢，所以还具备蚁栖性。二齿猪笼草原产于婆罗洲。

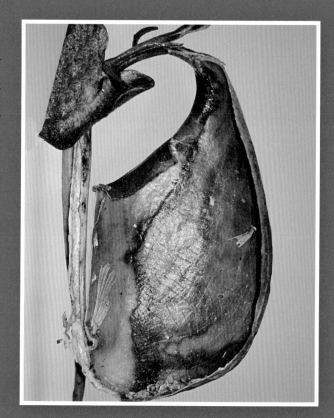

2.16　苹果猪笼草

　　苹果猪笼草的捕虫笼外形就像一个一个小果子，圆滚滚的十分可爱，学名是 *Nepenthes ampullaria*。它和劳氏猪笼草一样，捕虫笼的任务并不以捕捉猎物为主，而是通过收集上方树林掉落的树叶，来获取养分，并且它的笼盖是朝外翻开的，虽然失去了挡雨功能，却有助于落叶直接掉入笼中。

2.17　黛瑞安娜猪笼草

　　黛瑞安娜猪笼草是一个园艺杂交种，因为大部分的野生猪笼草对环境的要求比较高，所以园艺家们培育出了较为容易栽培的园艺种，这也让大家在生活中容易见到这个惊奇的植物。

曾孝濂老师作画的黛瑞安娜猪笼草

2.18　二眼猪笼草

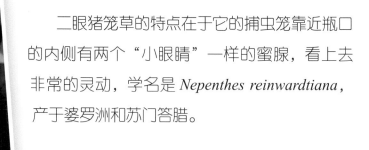

二眼猪笼草的特点在于它的捕虫笼靠近瓶口的内侧有两个"小眼睛"一样的蜜腺，看上去非常的灵动，学名是 *Nepenthes reinwardtiana*，产于婆罗洲和苏门答腊。

2.19　伯威尔猪笼草

　　伯威尔猪笼草是现存猪笼草家族中最原始的，它的祖先在大约 1230 万年前就和其他猪笼草分道扬镳了。它的学名是 *Nepenthes pervillei*，产于塞舌尔。

食肉植物的秘密

The secret of carnivorous plants

03

捕蝇草

捕蝇草一定是最广为人知的食虫植物之一了，它那像贝壳一样的夹子机关，速度快到可以困住苍蝇，因此得名。但是实际上捕蝇草的机关并不像含羞草那样一碰就会闭合，捕虫夹的闭合是一个精确的控制过程。

　　捕虫夹的闭合条件需要满足触碰任意一根感觉毛两次，或分别触碰两根感觉毛，并且触碰感觉毛的时间间隔要在 20 秒左右才能闭合，超时则需要有第三次感应毛刺激才会闭合，这个闭合条件是为了确认触发感应毛的物体是活物，而不是落叶、水滴或石子之类的偶然一次触发，当猎物被困在捕虫夹内拼死挣扎时，会连续触碰到更多的感应毛，这个时候夹子就会向猎物挤压并且分泌消化液将猎物消化。所以人为向捕蝇草投喂食物（非活虫），因为没有闭合后的"挣扎性刺激"，所以往往第二天就会看到夹子打开，但并没有消化投喂的食物。

食肉植物の秘密

The secret of
carnivorous
plants

04

貉藻

相比于陆地上大名鼎鼎的捕蝇草，貉藻就是水中的"捕蝇草"，它长有类似于捕蝇草的夹状捕虫器，能够迅速闭合，一般以水中的水蚤以及一些小型水生昆虫为食，当猎物接触到其夹子内测的感应性刚毛时，会立即闭合将猎物困在其中，并通过分泌的消化酶分解猎物转化为可供利用的养分。主要分布于欧洲中部和南部、非洲中南部以及澳大利亚，在我国的黑龙江省也有分布。貉藻属于国家一级保护植物。

食肉植物的祕密

The secret of carnivorous plants

05

茅膏菜

茅膏菜的叶片上长有许多分泌着晶莹剔透的露珠的触手，这些露珠光彩熠熠，能够吸引小昆虫前来。

这些宝石般闪耀的露珠看似绚丽，但其中暗藏杀机——它们是带有黏性的！每当有猎物被露珠的光华吸引，落到茅膏菜的触手上，就不可避免地被露珠黏住，而一旦猎物开始挣扎，就立马被茅膏菜感知，于是，猎物周围的触手就朝着猎物的方向弯曲，从而增加了触手与猎物的接触面积，最终，大量带有黏性的"露珠"使猎物窒息，茅膏菜就可以开始大快朵颐了。

全世界约有 200 种茅膏菜，其中要属澳大利亚拥有最多种群，约 120 种，中国也有少数几种分布。他们的形态各异，靠捕捉小型猎物为生，在贫瘠的土壤里顽强生长。

下面给大家介绍一些茅膏菜中的代表性物种和奇葩。

中国是锦地罗茅膏菜的分布地之一，它们的植株像是具有绿色或紫红色泽的莲花座，它的学名是 *Drosera burmannii*。

5.2　法尔科内尔茅膏菜

　　法尔科内尔茅膏菜，别名大肉饼茅膏菜，它的学名是 *Drosera falconeri*，主要产于澳大利亚北领地地区。正如它的别名，它具有酷似肉饼状的椭圆形叶片，莲座状的植株犹如孔雀开屏，绚烂无比。

5.3 盾叶茅膏菜

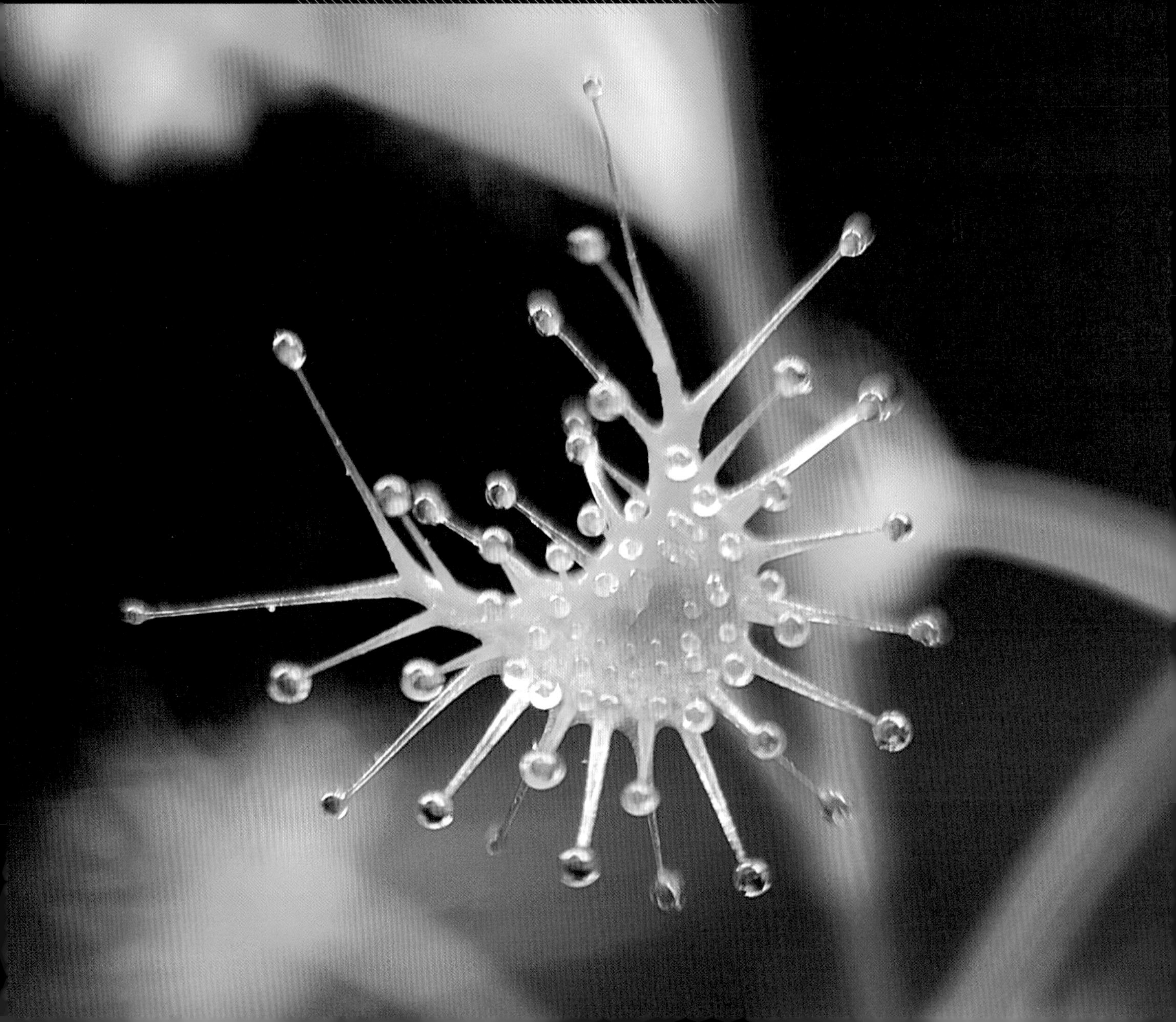

盾叶茅膏菜又名光萼茅膏菜，也和上述的锦地罗茅膏菜一样，在中国有分布，主要分布于云南、四川、贵州、西藏等地，它的学名是 *Drosera peltata*，生长于中海拔的山坡和林地上。盾叶茅膏菜的植株直立生长，上面生长出许多分枝，每个分枝的末端生有一片小叶，十分袖珍，因小叶的形状酷似盾牌，由此得名盾叶茅膏菜。

5.4　鳞状茅膏菜

　　鳞状茅膏菜的学名是 *Drosera squamosa*，是一种非常可爱且颇具特色的茅膏菜品种。为什么这么说呢？这是因为鳞状茅膏菜和盾叶茅膏菜同属于球茎茅膏菜类群，但是两个品种的样子却大相径庭，盾叶茅膏菜像一棵小树，而鳞状茅膏菜则像一朵趴在地上的小花。在光照良好的环境中，它的叶片边缘往往会呈现出诱人的红色。

5.5　美丽茅膏菜

　　美丽茅膏菜的学名是 *Drosera pulchella*，分布于澳大利亚，它可以称得上是茅膏菜家族的"小公主"。莲座状的植株娇小可爱，生长出的叶片上面好像挂着一颗颗小太阳，与橙红色的花朵交相辉映，看来"美丽"之名果然是名副其实。

5.6　壮丽茅膏菜

　　壮丽茅膏菜又叫雄伟茅膏菜，它的学名是 *Drosera magnifica*，分布于巴西。壮丽茅膏菜植株体型硕大，和南非的帝王茅膏菜、澳大利亚的巨大茅膏菜和叉叶茅膏菜并称为世界最大的四种茅膏菜品种。

5.7 帝王茅膏菜

帝王茅膏菜分布于南非，是体型最大的茅膏菜品种之一，植株整体看上去十分霸气！

根据最新的分子证据表明，帝王茅膏菜从茅膏菜属（*Drosera*）独立出来，成为一单属种，即王茅膏菜属（*Freatulina*）。它的学名是 *Freatulina regia*。

5.8　巨大茅膏菜

　　巨大茅膏菜的学名是 *Drosera gigantea*，分布于澳大利亚，别名树形茅膏菜。它的植株有很多分枝，看起来就像是一棵小树或者小型的灌木，因此得名。在它的原生环境中，巨大茅膏菜甚至可以长到 1 米以上的高度。

5.9 叉叶茅膏菜

　　叉叶茅膏菜的学名是 *Drosera binata*，它分布于澳大利亚。顾名思义，叉叶茅膏菜的叶子十分奇特，犹如多把"U"型的晾衣叉，同时它也算是最大的茅膏菜之一。

5.10　叉蕊茅膏菜

　　叉蕊茅膏菜，又名小白菜茅膏菜，它看上去就像一株绿油油的小白菜。分布于澳大利亚凯恩斯卧如龙国家公园，它的学名是 *Drosera shizandra*。叉蕊茅膏菜生活的环境主要是溪流沙岸、覆盖青苔的石块、缓慢渗水的土壤以及较为稀疏的林盖下，叉蕊茅膏菜比较喜欢湿润、阴暗的环境。

食肉植物的秘密

The secret of carnivorous plants

06 瓶子草

食虫植物家族有许多奇葩，瓶子草便是其中之一。它们的植株形态宛如一个个大小各异的瓶子，有的高瘦、有的矮胖、有的袖珍可爱。最引人注目的，要属瓶子草瓶身和瓶盖上面那一道道瑰丽的纹路，交织勾勒，形成如同血管一般的脉纹，彰显着勃勃生机。

　　瓶子草的捕虫原理和猪笼草有些类似，都是把自己的叶片卷起来，形成一个"蓄水池"，这些"蓄水池"的周围是十分光滑的，并且布有向下的细小倒刺，小虫走在上面，极易失足滑落，然后在池水（消化液）中被分解，成为瓶子草的美餐。

　　瓶子草主要分布在美国东南沿海地区，它们喜欢贫瘠、酸性的土壤，在泥炭沼泽、草原沼泽、草原湿地等环境中通常能生长得很好。

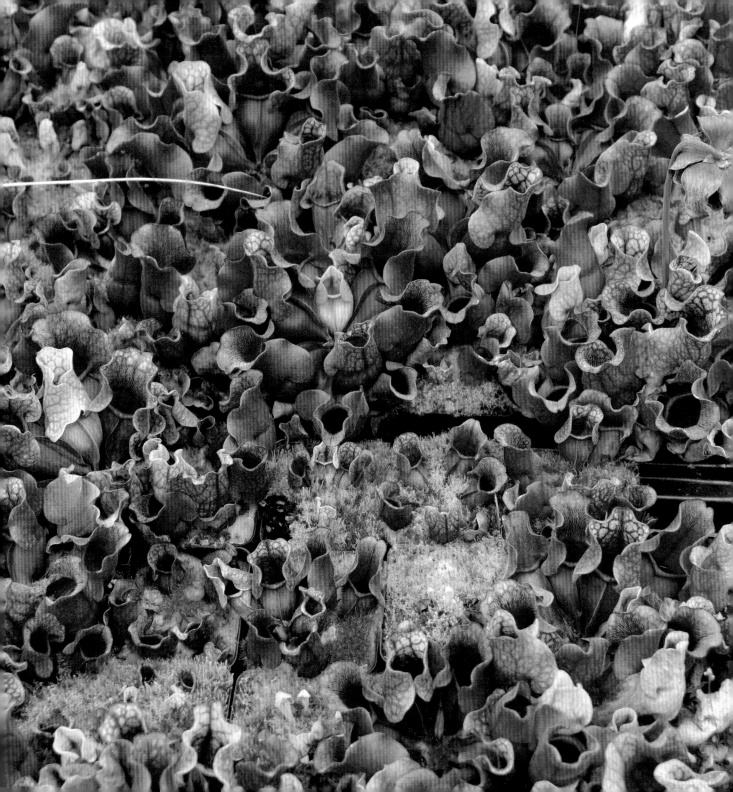

　　紫色瓶子草分布于加拿大与美国，学名是 *Sarracenia purpurea*。它的植株矮胖，通体呈现紫红的色泽，瓶子上面长有脉纹。充足的光照条件，可以让紫色瓶子草的颜色更加鲜明。

6.2 白瓶子草

　　白瓶子草分布于佐治亚州西南、阿拉巴马州和密西西比州东南部及佛罗里达州。它的学名是 *Sarracenia leucophylla*。它们有着许多不同的个体，瓶身的底色是由白色到绿色的渐变，上面生长着令人眼花缭乱的紫色或绿色脉纹。

07

太阳
瓶子草

食肉植物的秘密

The secret of
carnivorous
plants

　　太阳瓶子草属的植物和瓶子草属的植物同属于瓶子草科，它们的捕虫原理也大同小异：都是分泌蜜汁引诱小昆虫掉进瓶子里，然后将它们溺死并消化掉。

　　不同之处在于，太阳瓶子草的"瓶盖"没有北美的瓶子草盖子那么大，就好像一个敞口瓶，而且仔细观察可以发现，它的瓶身上有一个小洞，这是用来排水的！毕竟太阳瓶子草并没有盖子挡雨，要是突然下大雨，瓶子里的水可就要溢出来了，这会带走宝贵的猎物。

　　太阳瓶子草属的植物学名是 *Heliamphora*，总共有 23 种，全部分布于南美洲热带雨林中的高山上。

　　它们的家园十分雄伟壮丽，是一座座耸立云上的平顶山，那里几乎每天都会下雨。

食肉植物的秘密

08

眼镜蛇瓶子草

The secret of
carnivorous
plants

自然界的眼镜蛇大家应该都不陌生，而眼镜蛇瓶子草的样子看起来像极了一条条被激怒、昂起头颅的小眼镜蛇，它也因此得名。

　　眼镜蛇瓶子草的学名是 *Darlingtonia californica*，它的分布区域十分狭窄，仅仅于加利福尼亚州北部和俄勒冈西南部山区的高地。眼镜蛇瓶子草非常耐寒怕热，它们喜欢湿润、排水良好且透气的土壤环境。

　　值得一提的是，眼镜蛇瓶子草可以忍受原生地土壤中的有害物质，而它的潜在竞争对手则不能，这也是它在残酷的自然法则下能生存的制胜法宝之一。

食肉植物的秘密

09 土瓶草

The secret of carnivorous plants

土瓶草是一种单科单属单种的多年生草本植物。虽然叫土瓶草，可是人家看上去一点儿也不"土"，反而长着很多小巧的瓶子，显得十分精致可爱。

土瓶草和之前说过的瓶子草很像，都是植株上长有一个个瓶子，但是土瓶草会冒出两种叶片，一种是普通叶片，一种是可以捕虫的瓶子状叶片，这是它和瓶子草在形态上比较大的区别，是不是很神奇呢？同时土瓶草的捕虫方式和猪笼草、瓶子草们类似，都是水陷阱，但是它们的亲缘关系并不近，是生物界趋同进化的一个例子。

土瓶草仅分布于澳大利亚，它的学名是 *Cephalotus follicularis*。土瓶草喜欢充足的阳光，良好的光照环境会让瓶子的颜色变得深邃，如果光线不足，那么瓶子看起来就会是绿油油的。

土瓶草科 *Cephalotaceae*

土瓶草
Cephalotus follicularis

产地：澳大利亚西南

土瓶草科 *Cephalotaceae*

土瓶草

Cephalotus follicularis

产地：澳大利亚西南

食肉植物の秘密

The secret of carnivorous plants

10 捕虫菫

捕虫堇的外形有点像多肉植物，这让它看上去萌萌的，不太容易让人联想到食虫植物，它的叶片肥厚通透，让人禁不住想要触碰，但这上面其实暗藏杀机：叶片上会分泌两种液体，一种是黏液，一种是消化液，捕虫堇就是通过分泌这两种液体，粘住并吃掉猎物的。

　　全世界除了大洋洲和南极洲以外都有捕虫堇的分布，由此可见它的族群分布之广了。

10.1　高山捕虫堇

　　高山捕虫堇的分布地在亚洲和欧洲，在中国的山西、四川、贵州、陕西等省往往也能够发现它们的身影，喜欢生长于中高海拔的阴湿岩壁上，它的学名是 *Pinguicula alpina*。

10.2 寒水岩捕虫堇

寒水岩捕虫堇的学名是 *Pinguicula gypsicola*，别名石灰岩捕虫堇，正如它的名字那样，可以在石灰岩（寒水石）上发现它们，分布于墨西哥。

非常神奇的一点是，在夏天和冬天，寒水岩捕虫堇的叶片生长形态完全不同。

它夏天的叶片是从植株中心开始生长，螺旋叠加，一层又一层的。而冬天的叶片则是呈莲座状或碟状，叶片表面长有很多细小的绒毛。

食肉植物的秘密

The secret of carnivorous plants

11 狸藻

在食虫植物的世界里，狸藻可算得上是个大家族，约有 240 种，在全世界都有广泛分布。大部分的狸藻生活在陆地上或者依附其他植物生存，也有一小部分生活在水里。

狸藻依靠茎上发育出的"小囊泡"进行捕猎。这些小囊往往很不起眼，实际上却是收割小生命的利器！每当有小动物被吸入其中，小囊就会化作囚笼，将它们囚禁在里面，然后狸藻就可以享用美食了！

狸藻的花非常引人注目，几乎可以以任何颜色出现，水生的狸藻品种甚至可以在水面上形成一片花海，场景颇为壮观。

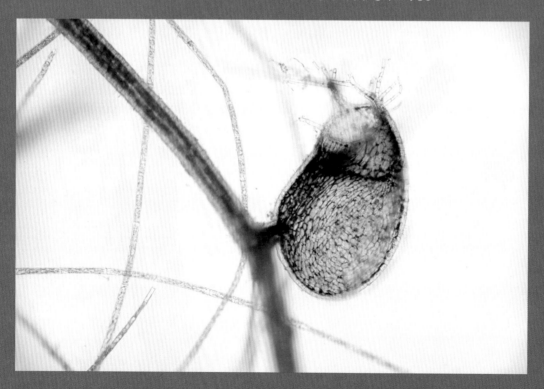

11.1　高山狸藻

　　高山狸藻是一种陆生或附生的狸藻，它算是花朵最大的狸藻之一，因分布海拔较高而得名，它们分布于安的列斯群岛和南美洲北部，喜欢附生在长满青苔的树干上。它的学名是 *Utricularia alpina*。

11.2　黄花狸藻

黄花狸藻是一种水生的狸藻，在中国、印度、东南亚、澳大利亚均有分布，喜欢生长在稻田、池塘或是沼泽的环境。它的学名是 *Utricularia aurea*。

11.3　小白兔狸藻

　　小白兔狸藻又叫桑德森狸藻，它的学名是 *Utricularia sandersonii*，看它花朵绽放时精致可爱的样子，是不是很像一只只竖起耳朵的小白兔呢？

　　小白兔狸藻是一种岩生狸藻，属于南非的特有狸藻品种，喜欢生长在潮湿的、有水的岩石表面。

食肉植物的秘密

12 螺旋狸藻

The secret of carnivorous plants

螺旋狸藻的植株通常比较矮小，看上去好像是由互相重叠的绿色叶片组成的一个莲花座或者半球。

　　有趣的是，螺旋狸藻的茎下部是没有根的，而是有一种没有叶绿素和其他色素的神奇叶子，呈"人"字形。这种形状奇特的叶子用于替代根固定植株，吸收水分和捕食猎物。螺旋狸藻的捕虫原理也是在特化叶里面形成一个小空间，即"消化室"，消化室内会分泌消化酶，用来集中消化猎物。

　　螺旋狸藻的分布地在中南美洲和非洲，无论是湿润的岩壁上，还是有一定海拔的草地上，抑或是沼泽或沙地，都可以看见它们的身影。

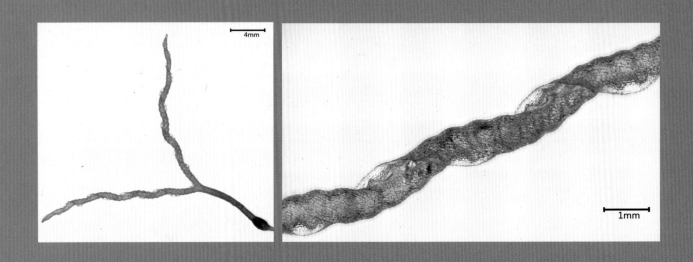

12.1　硬毛螺旋狸藻

硬毛螺旋狸藻的原产地在非洲，它的学名是 *Genlisea hispidula*。

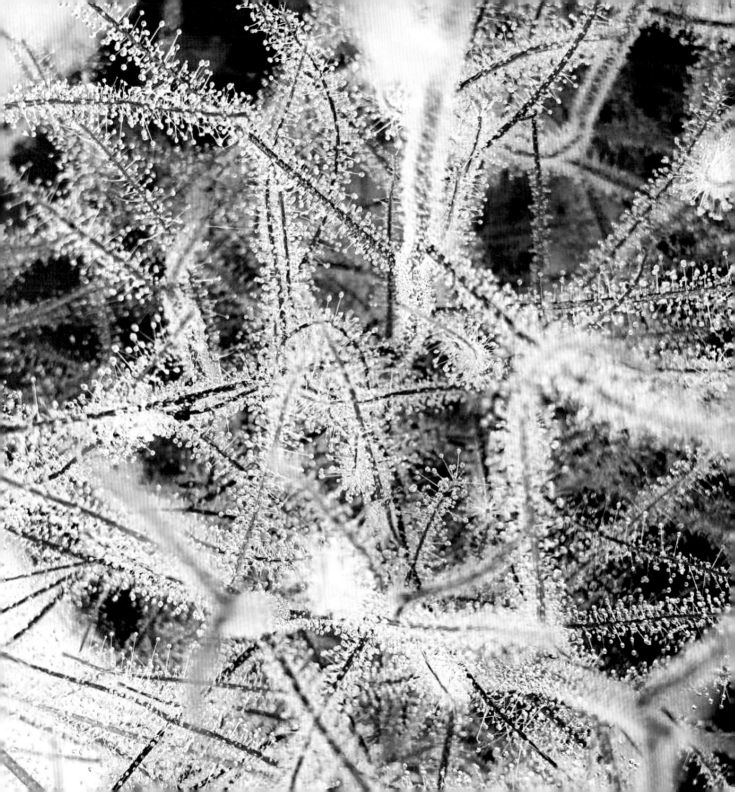

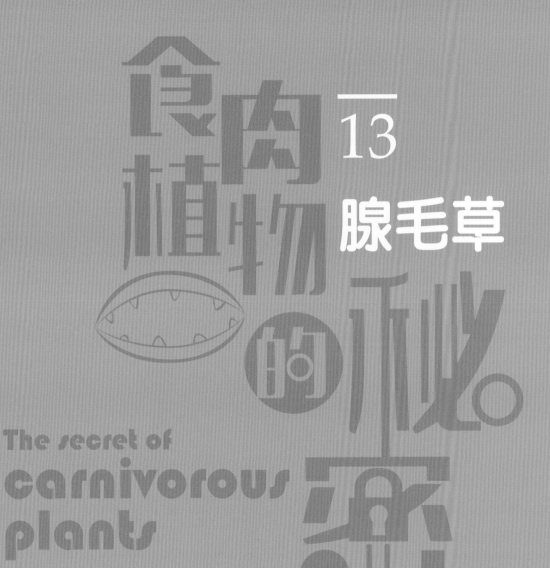

食肉植物的秘密

13 腺毛草

The secret of carnivorous plants

腺毛草的叶子十分纤细，上面长着分泌黏液的腺毛。这些黏液宛如一颗颗透亮的露珠，在阳光的照耀下折射出五彩斑斓的色泽，所以腺毛草也有"彩虹草"的美称。

　　腺毛草主要分布于澳大利亚，它的捕食方式是通过茎秆和叶片上的腺毛分泌黏液和消化液来捕获并吃掉猎物的，这一点和茅膏菜很像。它们区别在于腺毛草的腺毛和叶片，在捕捉到猎物后会傻傻的待在原地，并不会朝着猎物的位置移动。

13.1　丝叶腺毛草

丝叶腺毛草的叶片极为细长，呈丝状。分布于澳大利亚，它的学名是 *Byblis filifolia*。

食肉植物的秘密

14 捕虫树

The secret of carnivorous plants

捕虫树，顾名思义是一种会捕捉虫子的木本植物，和食虫植物家族里面许多身材娇小的成员不同，它们是一种灌木，通常可以长到1米以上的高度，分布于南非。

这种树的叶片也长着许多腺毛，捕虫树就通过这些腺毛来分泌黏液捕获猎物。这些黏液的成分和茅膏菜是不一样的，它们不溶于水，甚至不惧怕雨水冲刷，而且黏液的黏性远远超过茅膏菜，不仅能粘捕昆虫，甚至可以短时间困住或捕获鸟类。

在捕虫树的原产地，树上通常生活着一种虫子，叫刺蝽，它们和捕虫树是共生关系。

大家肯定很好奇，为什么刺蝽不会被捕虫树的黏液粘住呢？这是因为它的体表很光滑，就好像打了蜡一样，可以在捕虫树黏糊糊的身体上自由行走而不受黏液的影响。

捕虫树虽然能够捉到猎物，却不能消化它们，而是把这项任务交给刺蝽，刺蝽会吸干那些被黏住猎物的体液，并将富含养分的粪便留在捕虫树的叶片上，最终捕虫树则会吸收这些被分解的养分。二者互惠互利，各取所需！

14.1　美杜莎捕虫树

美杜莎捕虫树分布于南非，它的学名是 *Roridula gorgonias*。

14.2 锯齿捕虫树

锯齿捕虫树的叶片上面有很多凸起的"小刺"，看起来就像一把小锯子，它的学名是 *Roridula dentata*。

美杜莎和锯齿的对比

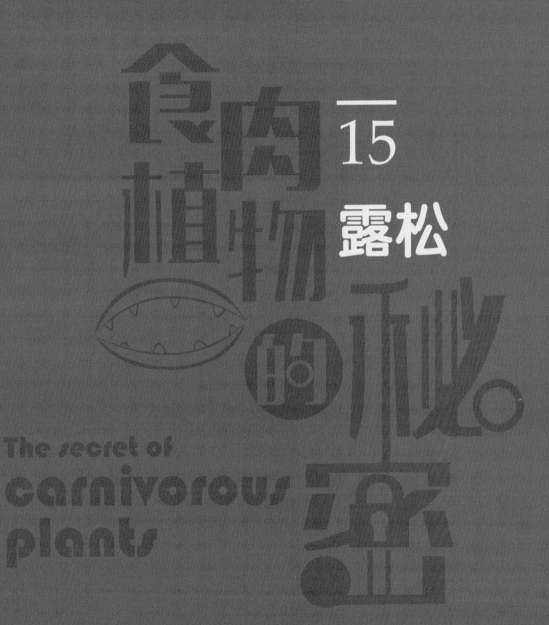

食肉植物的秘密

The secret of carnivorous plants

15 露松

露松的学名是 *Drosophyllum lusitanicum*，仅分布于西班牙、摩洛哥和葡萄牙。

　　露松的外形和捕虫树有些相似，但它却是单属单种的草本植物，远远长不到捕虫树的高度。它的新叶像一个握紧的拳头，成熟后就会慢慢打开，叶片上有两种腺体，可分泌大量有香味的黏液捕捉昆虫，并分泌消化酶分解吸收它们。

　　露松对于温度和湿度的耐受范围很大，是一种生命力十分顽强的植物，它们喜欢有充足光线的环境。

食肉植物的秘密

The secret of carnivorous plants

16 食虫凤梨

凤梨科植物主要分布在美洲的热带与亚热带地区，在漫长的进化过程中，有些凤梨科植物已经在进化为食肉植物的道路上迈出了一大步，成为植物界有力的"竞争者"。

食虫凤梨的叶子呈筒状，摸起来硬硬的，并且十分光滑。莲座状的植株在中心形成一个积水槽，里面散发出一种类似花蜜的香味来吸引猎物落入自己的陷阱，每当昆虫想要顺着叶片爬出去，就会发现好像踩在蜡质的地板上，滑溜溜的。槽内的液体中含有酸性的消化酶，猎物在这些酸性的液体中很快便会淹死，最终被消化吸收。

　　提到捕食，大多数人会认为这是动物的专属能力，少数人也会想到猪笼草、狸藻此类食虫植物，熟悉真菌的人应该早已听说蘑菇也具有捕食功能，如平菇可以用菌丝上的套索捕食线虫。这一研究相当火热，已经研究到真菌的菌丝可以分泌某些物质吸引线虫，同时可以感受线虫的分泌物产生套索，可真是有意思的研究。

2019年，笔者前往青藏高原参加二次科考，在林芝见到的蘑菇又刷新了笔者对蘑菇捕食昆虫的认知。一朵蜡伞的菌盖黏附了大量的昆虫，笔者数了一下一共是37只，熟悉昆虫的小伙伴说这上边种类还不少，蚊、蝇、蜂都有，震惊！这个蘑菇的菌盖竟然成了粘蚊板。旁边幼小的子实体上也黏附着2只蚊类，可见这并非是一个偶然现象。笔者是知道蘑菇的菌丝可以捕食线虫的，但还是第一次见蘑菇子实体捕捉昆虫，仅有的资料只有国外一个网页上写了黏小菇可以捕捉害虫，栽培小菇的师姐表示她养了许多小菇，但并没有见过捕捉昆虫的现象。

今天，笔者重新查阅了当年的序列数据，鉴定出来这个蜡伞在2020年的时候被广州微生物所的王超群老师命名为 *Hygrophorus griseodiscus*，直译过来叫灰盖蜡伞，描述中写道产地仅发现于四川，看来这号标本还是西藏的新纪录了。遗憾的是论文中的图片并没有菌盖黏附蚊蝇的情况出现。

总而言之，食虫植物是因为产地缺乏氮元素才演化出捕食昆虫的策略，作为外生菌根菌的蜡伞有共生树种的营养供给应该不会太缺乏氮元素，而且子实体作为繁殖器官想必也没有消化和吸收的功能。那么灰盖蜡伞究竟为何会黏附捕捉蚊、蝇、蜂呢？也许，菌盖上的黏液并不是为了捕食，而真是像粘蚊板那样防止蚊、蝇的取食？如此有意思的物种，如果下次再遇到，一定要检测一下它的菌盖上的黏液是否具有消化酶。

王庚申

结语

　　好啦，到这里，有关食虫植物家族的故事就告一段落了，本书介绍了食虫植物家族中比较有代表性的一些成员，大家是否对于这些惊奇的小生命有了一定的了解呢？

　　兴趣是最好的老师，《食肉植物的秘密》这本书所希望带给孩子们的是以生动精美的配图，让大家自发地、细致地去观察食肉植物，发现自然之美，激发小伙伴们对神奇的食肉植物产生浓厚的兴趣，使其在学习之余能够拓展知识、丰富生活、陶冶情操。

　　大自然是一本鲜活的教科书，里面拥有无尽的奥秘，等待着我们去发掘。也希望各位小伙伴们永远保持一颗好奇心，通过学习书中知识，让我们一起亲近自然、探索自然，为中国接下来自然科学的发展贡献自己的一份力，将老前辈们的心血传承下去。

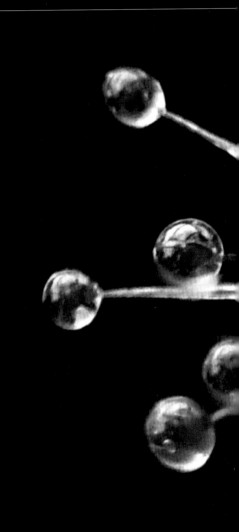

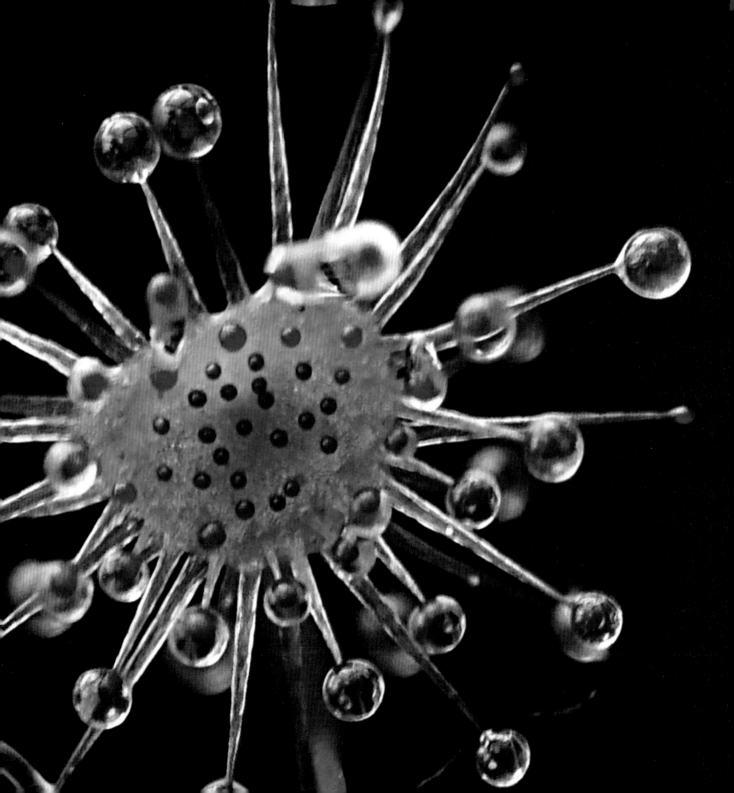